给我搔搔背

ScRaTCH My BaCK!

Gunter Pauli

冈特·鲍利 著

李康民 译　李佩珍 校

U0352038

学林出版社

丛书编委会

主　任：贾　峰

副主任：何家振　郑立明

委　员：牛玲娟　李原原　吴建民　马　静　彭　勇
　　　　靳增江　田　烁　郑　妍

丛书出版委员会

主　任：段学俭

副主任：匡志强　张　蓉

成　员：叶　刚　李晓梅　李西曦　魏　来　徐雅清

特别感谢以下热心人士对译稿润色工作的支持：

高　青　余　嘉　郦　红　冯树丹　张延明　彭一良
王卫东　杨　翔　刘世伟　郭　阳　冯　宁　廖　颖
阎　洁　史云锋　李欢欢　王菁菁　梅斯勒　吴　静
刘　茜　阮梦瑶　张　英　黄慧珍　牛一力　隋淑光
严　岷

目 录

故 事

故事探索

教师与家长指南

COntEnT

Fable

Exploring the Fable

Teachers' and Parents' Guide

一只巨龟正在树和树之间爬来爬去，想用背去蹭树干，来搔背上的痒痒。可是，即使仙人掌的刺也无法减轻他背部的奇痒。

A tortoise was running from tree to tree trying to scratch its back. But not even the thorns of a cactus could bring relief to its itching back.

即使仙人掌的刺也无法减轻他
背部的奇痒！

Not even the thorns of a cactus could
bring relief to its itching back!

你怎么这么幸运，能够有这只金翅雀帮你把所有的蜕皮啄掉？

How come you are so lucky to have this finch picking all that loose skin away?

"哦，我真羡慕你！"巨龟对美洲鬣蜥说。鬣蜥像平常一样静静地坐在那里，背上停着一只金翅雀。

"你怎么这么幸运，能够有这只金翅雀帮你把所有的蜕皮啄掉？"

"这感觉好极了！金翅雀做得真好！但我认为你也很幸运，无论你到哪里，都能带上你的房子一起走。"

"Oh, I am jealous of you," said tortoise to iguana, who was sitting still as always, with a finch on its back. "How come you are so lucky to have this finch picking all that loose skin away?"

"It feels great! Finches do a good job. But I think you are lucky to be able to carry your house with you wherever you go!"

"天哪！我花了三年时间才等到这个房子长好。在房子没有长好前，老鼠，甚至蚂蚁都能活生生地吃了我。"

　　"可是一旦你活了下来，你就永远有自己的房子了，可以拥有它 100 年甚至 200 年。"鬣蜥回答道。

　　"Gosh, it takes me three years to grow this house and before it gets hard, rats and even ants can eat me alive."

"But then if you survive, you have it forever, for 100 or even 200 years," responds iguana.

他们能活生生地吃了我！

They can eat me alive!

无论什么时候有危险，你只要把你的
头和手脚缩进去就行了！

Whenever there is danger you simply
pull in your head and limbs!

"你说的没错，但那也要付出代价的！你能想象一辈子都没法搔背是什么滋味吗？更糟糕的是，连找个帮手来帮你搔搔背都没办法。"

"说的也是，但无论什么时候有危险，你只要把你的头和手脚缩进去就行了，没人能再打扰你。"

"Forever, yes but that is some price to pay! Can you imagine what life is like when you can never scratch your back? Worse, you can not even ask anyone to scratch your back for you."

"Yes, but whenever there is danger you simply pull in your head and limbs, no one can ever bother you."

"哦，我太难受了，简直无法入睡。我需要有人搔搔我的背！"

"哦，别说了！"美洲鬣蜥说着，朝巨龟脸上打了个喷嚏。

"你这样可不太有礼貌哦，和我说话前，你应该把你的鼻涕擤干净。"

"Oh I can't sleep. I want someone to scratch my back!"

"Oh stop it," says iguana, and sneezes right into the face of tortoise.

"You are not very polite; you should wipe your nose before speaking to me."

对我说话前，你应该把你的
鼻涕擤干净！

You should wipe your nose before
speaking to me!

你说得对，实在对不起

You are right. I am sorry

"你说得对，实在对不起，真的很抱歉，但我需要把我鼻子里的盐都清理干净。"

"You are right. I am sorry, so sorry for that but I needed to clean my nose of all the salt."

"你真是幸运。"巨龟答道，"你不仅有金翅雀帮你搔痒，你甚至还能每天洗澡。"

"You are so lucky," replies tortoise, "you not only have the finch that scratches your back, and you can even take a bath every day."

你还能每天洗澡！

You can take a bath every day!

你知道我们俩都是从蛋里
孵化出来的吗？

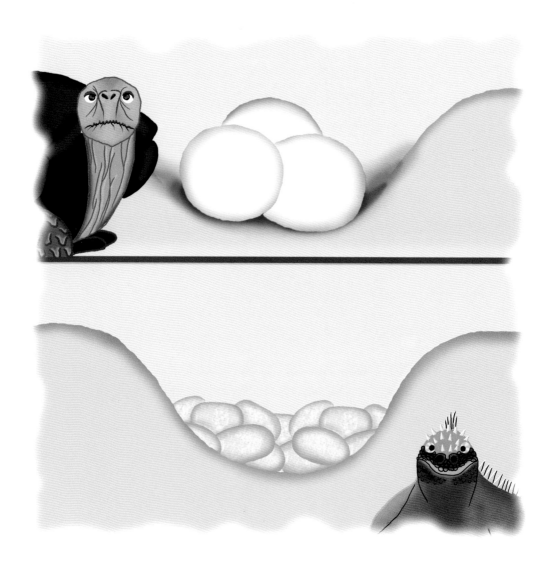

Do you know we both are born out of
an egg?

"嘿，我的朋友，你知道我们俩都是从蛋里孵化出来的吗？"美洲鬣蜥说。

"你不会是想告诉我，我们是兄弟或者姐妹吧？我才不像你长得这么丑！你会把人吓跑的。"

"我才不会把人吓跑呢！人们不远千里来看我。我总是笑眯眯的，而你却老是愁眉苦脸。"美洲鬣蜥答道。

"Hey my friend, do you know we both are born out of an egg, right?" says iguana.

"Are you trying to tell me that we are brothers and sisters? I do not look as ugly as you! You scare people away."

"I don't scare anyone away. People come to see me from miles around. I always smile and you always look sad," replies iguana.

"当然，我太嫉妒你了。你什么时候想搔背都可以。如果你能用你的长爪子给我搔搔背，那该多好啊！"

……这仅仅是开始！……

"Of course, I am so jealous. You can have your back scratched anytime you want. If you could only scratch mine with those long nails of yours."

... AND IT HAS ONLY JUST BEGUN! ...

······ 这仅仅是开始！ ······

... AND IT HAS ONLY JUST BEGUN! ...

你知道吗？

加拉帕戈斯群岛是世界上面积最大、地形最复杂、生物最多样化的野生生物保护区。查尔斯·达尔文就是在那里发现了惊人的生物多样性，以此支持他的自然选择理论。除此之外，它们也是谜一般的岛屿，因为这里有着令人难以置信的、神奇的动物群系，让人们向往不已。

大约有300多种外形不同、特性迥异的美洲鬣蜥分布在美洲大陆、赤道附近和热带岛屿上。来自安第斯山脉的绿色大鬣蜥有1米长。

　　水生鬣蜥几乎把它全部的时间都消磨在海岸的礁石上晒太阳。它的主要食物是海藻，它能潜水到 10 米深的海里寻找食物。

　　加拉帕戈斯巨龟是世界上最大的陆龟。它们可重达 400 千克以上。最老的巨龟超过 170 岁。巨龟食素，吃像仙人掌、水果和海藻之类的植物。

　　加拉帕戈斯鬣蜥是群岛上的特有品种。对生物学家来说，它们是一个很大的谜。水生鬣蜥和陆生鬣蜥大约都起源于1亿5000万年前，但加拉帕戈斯群岛只有近200万年的历史。

　　在有巨龟生活的加拉帕戈斯岛屿上，仙人掌进化成像树木一样的坚硬树干以避免被吃掉。在没有巨龟的加拉帕戈斯岛屿上，仙人掌仍保持着天然的形态。

巨龟因为后背发痒而难以入睡，你觉得巨龟的感觉会怎么样？

你想活得像巨龟一样长寿吗？

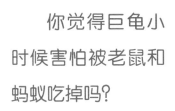

你认为长着一张丑脸的美洲鬣蜥，会因为它的微笑而变得迷人吗？

你觉得巨龟小时候害怕被老鼠和蚂蚁吃掉吗？

自己动手！ DO IT YOURSELF!

做一点小小的研究，哪些动物有自己的房子可保护它们，哪些动物会蜕皮、它们多久蜕一次皮、为什么会蜕皮呢？

现在把它们的情况和你住的房子以及穿的衣服比较一下。

学 科 知 识
Academic Knowledge

生物学	(1)皮肤的作用。(2)进化系统的案例：有些岛上的仙人掌变成像树木一样，以此构成防御系统防止被吃掉。(3)美洲鬣蜥和金翅雀之间的共生关系。(4)陆生龟和水生龟的区别。(5)卵生繁殖。
化 学	皮肤上搽肥皂的作用。
物 理	(1)在常温常压下创造一种结构。(2)透过一层膜从水中分离出盐分。
工程学	(1)创造一层薄保护膜。(2)反渗透等海水淡化设备与自然界中的膜技术。
经济学	产品寿命长的经济学与产品生命周期短的经济学。
伦理学	对不同条件强加统一的方法与适应当地条件的灵活性。
历 史	洗澡作为每日卫生一部分的历史。
地 理	加拉帕戈斯群岛位于哪里？它们是怎么形成的？
生活方式	(1)经常洗澡是我们卫生制度（或卫生习惯）的一部分。(2)如何能长寿？(3)花时间去理解他人生活中的偏见（成见）和渴求的重要性。
社会学	(1)依据公认的礼貌确立一种行为准则。(2)通过身体接触如搔背或捉虱子来加强家族关系。
心理学	(1)同类人的观点对一个人自信的影响。(2)对他人微笑的影响。
系统论	自然系统如何适应环境。举例说，加拉帕戈斯群岛的物种调整自身以适应每一岛屿的条件和物种间的相互依存，而人类追求统一和标准化。

情 感 智 慧
Emotional Intelligence

巨 龟

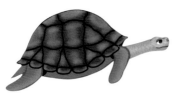

加拉帕戈斯巨龟感到灰心。巨龟能欣赏他的房子，但难以控制自己不能搔背的悲哀。控制情绪很难，有时我们会说一些侮辱性的言语比如说美洲鬣蜥"你长得丑"之类的话来发泄一下。这种反应方式表明，巨龟不能自觉地意识到自己有着所有其他人没有的优点，即长寿、安全。巨龟没有花时间观察，看不到自己的优点，却只看到自身的一个弱点。在美洲鬣蜥打喷嚏时，巨龟要他尊重一点别人。巨龟非常嫉妒地问美洲鬣蜥，为什么他那么幸运，有金翅雀啄掉脱皮，又说美洲鬣蜥每天都能洗澡有多么幸福。巨龟的态度表明他对美洲鬣蜥没有多少同情心。

美洲鬣蜥

美洲鬣蜥并不被认为漂亮或懂礼貌。但是，这一特异物种对自己有一种积极的态度，这得益于他有自知之明。巨龟的粗鲁行为并没有让美洲鬣蜥不安或不耐烦。实际上，美洲鬣蜥不仅能控制自己的情绪，也能控制巨龟的情绪。美洲鬣蜥非常有自信，不发火。事实上，很多人在听到被别人说长得丑时会有强烈的反应，但美洲鬣蜥却不是这样。鬣蜥的轻松态度或许反倒使巨龟感到不舒服，但这种简单的态度很有帮助。对巨龟就美洲鬣蜥难以克制的喷嚏作出的反应，鬣蜥很敏感，立刻对此表示道歉。这种对生活的态度能产生情感共鸣。美洲鬣蜥努力让巨龟跳出其自身的问题和消极态度。

思 维 拓 展
Systems: Making the Connections

仔细观察故事里的插图。在这些图上，仙人掌进化成了一棵树。在加拉帕戈斯群岛上任何有巨龟生活的地方，仙人掌长成一棵树的样子，有着强壮的躯干和坚硬的树皮，这样巨龟就无法吃到柔软的新枝。这是有趣的协同进化的范例，也就是自然防卫机制依据出现的物种相应发生了改变。美洲鬣蜥也是一种有趣的动物，没有任何防卫手段，因为它从来不需要防备天敌。巨龟的情况就不同了，特别是巨龟生命的头三年。这个危险期一过，巨龟往往能活过 100 岁。巨龟吃还没能长成粗大树干前的仙人掌，也吃海藻和果实。这个故事帮助我们了解到，大自然总会做一些适应性调节，不过系统总会向有关物种的最佳组合方向进化。

动 手 能 力
Capacity to Implement

看看你有多少种能搔后背的方法。甚至找找家里购买的用具，看哪些可以用来减轻背部瘙痒。然后发明一些新用具。

艺 术
Arts

脸上和身上的彩绘很有趣。你可以用一只手，让它变成一只天鹅，想一想哪根手指被画成鸟喙，哪一段画成脖子。让我们尝试指甲花彩绘，即把指甲花燃料和柠檬汁混合，然后画出简单的黑线。指甲花彩绘可覆盖你的背、你的手或脚，它除了能吸引人，还是一种传统的防止皮肤感染真菌的方法。

译者的话
Words of Translator

厄瓜多尔的加拉帕戈斯群岛位于三大洋流的交汇处，以拥有巨龟等珍奇动植物而闻名，被称为"活的生物进化博物馆"，1978 年被联合国教科文组织宣布为"世界自然遗产"。 这里的生物进化与世隔绝，因此物种多样。动物物种有 635 种，1/3 为本岛所独有。无论何种生态系统，野生生物不可或缺。在生态系统中，野生生物之间具有相互依存和相互制约的关系，共同维系着生态系统的结构和功能。野生生物一旦减少，生态系统的稳定性就会受破坏，人类的生存环境也就要受到影响。因此，保留生物的多样性有着重要的意义。

故事灵感来自 卢西亚诺·B·贝赫加雷

Luciano B. Beheregaray

卢西亚诺·B·贝赫加雷是位于美国康涅克狄格州纽黑文的耶鲁大学生态学和进化生物学系的教授。他的兴趣在于保护和进化生物学，他的工作包括研究群体结构、分子系统发育和生物地理历史。他利用现代分子手段，研究种群趋异和物种形成中的进化过程。他的研究目标之一是，将测试共同分布的分类单元（如物种的属、科、目、纲）在进化历史中的一致性作为评估某个地区的保护重要性的方法，物种形成正与此有关。他的大部分工作集中在南美温带地区的银汉鱼类，但也参与研究非共生海豚的社会与遗传结构和加拉帕戈斯巨龟的系统发生生物地理学等研究项目。

卢西亚诺·B·贝赫加雷和一个研究小组正在设法揭示加拉帕戈斯群岛巨龟种群的进化历史和遗传结构。他在这个项目中的主要职责是从大量个体和种群中获取 DNA 序列信息，以此来研究巨龟基因流和种群数量波动的历史模式。这一信息将被用来重建巨龟亚种之间小尺度的系统关系。

出版物

*JACOBS, Franciney CASSELS, Jean.Lonesome George the Giant Tortoise. Walker Books for Young Readers, 2003.

*SCHAFER, Susan. The Galapagos Tortoise (Remarkable Animals Series). Dillan Press, 1996.

*PAULL, Richard C. The Galapagos Tortoise Expert's Guide (Special Color Edition). Green Nature Books, 1999.

*HELLER, Ruth. Galapagos Means Tortoises. Sierra Clubs Books, 2000.

*SELSAM, Millicent Ellis. Land of the Giant Tortoise: The Story of the Galapagos. Simon & Schuster, 1977.

网页

*http://www.anapsid.org

*http://www.nwf.org

*http://research.yale.edu/ysm/article.jsp?articleID=38

*http://www.darwinfoundation.org

图书在版编目（CIP）数据

给我搔搔背 ／（比）鲍利著 ；李康民译 . -- 上海 ：
学林出版社 ，2014.4
（冈特生态童书）
ISBN 978-7-5486-0647-5

Ⅰ . ①给… Ⅱ . ①鲍… ②李… Ⅲ . ①生态环境 -
环境保护 - 儿童读物 Ⅳ . ① X171.1-49

中国版本图书馆 CIP 数据核字 (2014) 第 020957 号

————————————————————————————————

冈特生态童书
给我搔搔背

作　　者—— 冈特·鲍利
译　　者—— 李康民
策　　划—— 匡志强
责任编辑—— 李西曦
装帧设计—— 魏　来
出　　版—— 上海世纪出版股份有限公司 学林出版社
　　　　　　（上海钦州南路 81 号 3 楼）
　　　　　　电话：64515005 传真：64515005
发　　行—— 上海世纪出版股份有限公司发行中心
　　　　　　（上海福建中路 193 号 网址：www.ewen.cc）
印　　刷—— 上海图宇印刷有限公司
开　　本—— 710×1020　1/16
印　　张—— 2
字　　数—— 5 万
版　　次—— 2014 年 4 月第 1 版
　　　　　　2014 年 4 月第 1 次印刷
书　　号—— ISBN 978-7-5486-0647-5/G·211
定　　价—— 10.00 元

（如发生印刷、装订质量问题，读者可向工厂调换）